南部美香＋ぱんだにあ

ねこけんぽう

すべてのねこが幸せになるルール

自由国民社

はじめに

みなさん、ねこはお好きですか？

この本を手にとってくださっているくらいですから、きっとお好きなんだと思います。

日本にはたくさんのねこの好きな人たちがいます。そして、世界のどこにもねこが大好きな人たちが暮らしています。話す言葉も宗教も国もちがうのに、ねこが好きな人たちの気持ちはほんとうに同じ。それに驚かされます。

わたしは、ねこを専門に診る獣医として、ねことその飼い主を見てきました。ねこが好きで、日本以外の国のねこも診て回るようになりました。そしてまた日本を振り返ると、これだけたくさんの人が「ねこが好きだ」と思っているのに、人間によって苦しめられているねこも多いことに気がつきました。ねこが好きで、ねこのためにやっていることが、実はねこを苦しめていることになるとは、誰も思わないでしょう。

なぜなのか……。ずいぶん時間をかけて考えました。人間がねこを幸せにしたいと思うとき、ねこにとっての幸せを、人は人間の幸せに擬人化させてしまっているのではないかと感じるようになりました。

人間とねこの幸せには共通する点も多いと思いますが、そもそも動物としてちがった種類なので、その幸せがすべてイコールなわけはないのです。

そこで、ねこの幸せを人間が理解するための試みとして、ねこがねことしての権利を守るための「けんぽう」をつくってみたらどうなるだろうと考えました。
「けんぽう」は人間が人間らしく、そして幸せに生きる権利を保障するものです。そして、国民が国を見張るもの、ともいえます。
ですから、ねこにも憲法をつくってみたら、ねこも幸せになるのではないかと思ったのです。「ねこけんぽう」は、ねこが人間を見張るものになるのではないでしょうか。

これは架空のお話ですが、みなさんがねこになって、ねこの幸せを考えられる機会になれば、これほどうれしいことはありません。

南部 美香

目次

第1章　ねこの幸せ

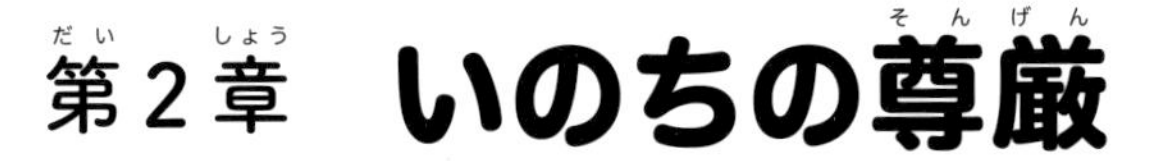

第2章　いのちの尊厳

第3章　ねこを知る

ねこキャラ全員集合！

「みんな！　せんせいとしっかり話し合おうね」

「ねこけんぽう」ができたわけ

世界中から、偉人ねこたちがせんせいのもとに集まってきた。その目的は、「ねこけんぽう」をつくるためである。

偉人ねこは、何を主張するのだろうか。

そして、「ねこけんぽう」とはなんなのか。

人間にけんぽうがあるように、ねこにもけんぽうが必要なのか。必要とするならば、どんなものにならなければならないのか。

これは、ねこの歴史始まって以来の大きな仕事となるであろう。

読者のみなさんも、これから起きることを、ぜひいっしょに目撃してほしい。

「ねこけんぽう」宣言

「ねこの、ねこによる、ねこのためのけんぽう」

わたしたちねこは、ねこのすべての不幸せの原因は、人間がねこの権利について知らないこと、忘れてしまうこと、大事にしないことにあると考え、ねこの神聖な権利をいつも思い出せるよう、ここに“宣言”で示すこととした。

それは、すべてのねこが幸せになるために、このシンプルなとりきめがいつも守られることが大切であると考えるからである。

わたしたちねこの祖先は、束縛されずに自由に、人間とともに生きていく約束をした。しかし今、社会の大きな変革の中で、わたしたちねこは、このまま人間とともに暮らしていくことが可能なのか試されている。

・わたしたちはとらえられ、隔離され、殺されている。
・わたしたちは無理やり繁殖させられ、子どもが母親から離され、売られている。
・わたしたちは自由な繁殖をうとまれ、とらえられ、繁殖を禁じる手術を施されている。

これらはわたしたちの祖先が、人間とした約束とは異なるものだ。ねこがねこらしく生きることができ、ねこの未来をだれからも奪われることがないことを希望するのみである。

わたしたちねこは、ここにかたく決意するものとする。

ニャブラハム・リンカン

前文

ねこは、みずからに愛をそそいでくれる人間を飼い主と認めて行動し、ねこに自由をもたらす恩恵を受けることを確保し、人間の行為によって迫害および虐待の惨禍が起こることなく平和に生きる権利を有することを確認し、ここに主権がねこにあることを宣言し、ねこけんぽうを確定する。
ねこは、ねこの名誉をかけて、全力をあげてこの崇高な理想と目的を達成することを誓う。

ねこを見守ることは、人間の義務である。そしてねこと暮らすことは、人間の権利でもある。

（ニャブラハム・リンカン／「虐げられたねこ」の解放者）

かんがえよう

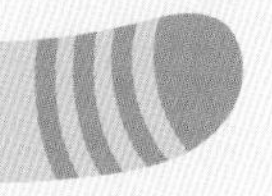

ねこはガードマン

ニャブラハム・リンカンさんは、虐げられたねこの解放活動をしているのですね。

そのとおりである。

ねこは、わたしたち人間と長くいっしょに暮らしてきたパートナーです。パートナーは大切にしなくてはなりませんよね。

われわれの祖先は中東の砂漠地帯に生息していた野生動物の「リビアヤマネコ」である。穀物を食い荒らすねずみの退治のために人間はわれわれの能力を借り、われわれはねずみをとるかわりに、人間に外敵から身を守る安全な場所を提供される関係になったのだ。

そこから共生関係が生まれ、ねこが人間とともに暮らすことで、穀物や蚕を食べるねずみの害を防ぐことができました。「ねこがいるだけでねずみが寄ってこないこと」を利用して「ねずみの見張り番」として役立ってもらっていたんですね。

まさに、われわれねこは、人間社会のガードマンの役目をになっていたわけなのだ。

「家々に必ず能くよくねこを飼いおくべし」と江戸時代には養蚕家にねこを飼うことをすすめています。「豊蚕」の願いから「ねこの健康祈願」もしていたそうです。

ねこは奈良時代に、中国からの大切な経典をねずみの害から守るために船に乗って日本にやってきたのである。ねこは人間といっしょに歴史を過ごしてきた「伴侶」といえる存在であろう。

じつはですね、それ以前の弥生時代から、ねこは日本にいて、穀物をねずみから守っていた可能性があることが「考古学者によるねこの骨の発見」からわかっています。

なんと、そんなに前から。となれば、人間はねこが暮らしやすい環境を維持する必要がある。

養蚕農家が蚕をねずみに食べられてしまう「ねずみの害」を防ぐために、天敵であるねこを救世主として崇め「ねこ神様」として信仰されていたのもわかりますね。「狛いぬ」だけでなく「狛ねこ」もいたそうです。

日本の絹は美しい。まさに着物は芸術品である。しかしナイロンが登場して、近代化がねこの仕事を奪うことになってしまった。人間の都合でねこが一方的にリストラされたとなれば明らかな契約違反である。

安全な場所を提供するのは人間の義務

人間は、文明の発達とともに都市をつくるようになった。大勢の人間が生活する都市では、大量の食物とその廃棄物が山のように存在する。これが格好のねずみの餌となり、大量のねずみが繁殖するようになったのである。

ねずみに食料を奪われるのも問題ですけれども、ねずみは人間にとって公衆衛生上の問題を引き起こします。

ペストのことであるな。ねずみはもともと森で暮らしていた動物である。そのなかでドブネズミとハツカネズミは都市に入り込んできたのだ。そして、伝染病であるペスト菌をまん延させることとなった。

中世のヨーロッパの都市では、ペストに苦しめられたそうです。ねこは人間の食べ物をねずみから守るだけではなく、ペストのまん延をも防ぐ役目をになう、まさに「人間の命を守るガードマン」でもあったわけなんですね。

人間はねこに、「子どもを産み育てる安全な場所」を提供する。そのかわりに、われわれねこは、「ねずみの害から、人間を守る」という使命をもったのだ。

ねこは、人間に守ってもらう契約をして、人間と暮らす道を選んだのですね。

人間は、ねこにかぎらず多くの生き物を家畜として育てているが、ねこはどの家畜ともちがい「人間と契約」して家畜になったのだ。その最も大切なものが「殺されない権利」をもつことなのだよ。

ねこは食肉用の家畜ではないので、死んで人間の役に立つわけではありません。

ねこは人間の家で子を産み育てることで大きな利益を得たのではあるが、人間もねこから「やすらぎ」という恩恵を受けたのである。ねこを「愛おしい」と思う気持ちである。しかし人間は、時に「じゃまになったから」「飼えなくなったから」という理由で捨てたり殺したりする。

人間は、ねこのおかげでねずみから食料を守れたし、ペストからも救われました。ねこは人類を救ったということですね。細菌学者の北里柴三郎はこう言いました。
「一家に一匹、ねこを飼うように」

ねこに「雑種」はいない

チンチラやペルシャ、スコティッシュフォールドと「品種名」のついたねこがいますが、品種でないねこを「雑種」と呼ぶのはまちがっています。

まったくそのとおり。人間はわれわれねこの多彩な色柄を見て「いろいろなねこが混じっている」と錯覚しているようである。

もともと、ねこにいろいろな毛色があるのは、雑種ではなく多様な毛色の遺伝子をもっているからなのです。

われわれは、白ねこ、三毛ねこ、キジトラ、サバトラ、茶トラなど、いろいろな毛色を受け継いで生まれてきた。きょうだいでも親子でも色柄がちがうことが普通なのだ。

いぬの場合、昭和の中ごろには洋犬がめずらしくなくなっていました。その洋犬と日本犬との間に生まれた犬を雑種犬と呼ぶようになったのです。

日本犬は、今では天然記念物になっておるそうじゃ。

むかし日本では、犬はどれでも「犬」で血統というものにはこだわっていなかったのだけれど、洋犬が入ってきたころから雑種という言葉を使うようになりました。そしてねこまで「雑種」というようになってしまいました。

野生では白や黒、茶は目立つ色となり外敵に襲われやすい。キジトラのような柄が保護色となる。戦闘服の迷彩色と同じことじゃ。

ねずみ色のロシアンブルーという品種ねこがいます。

ねこなのにねずみ色。

人間とねこが暮らし始めたころ、白や黒色のねこは、めずらしくて大切にされたと思います。そこからグレーの色のねこが産まれることがあるのですが、その確率はとても低かったんです。そこで、グレーのねこどうしを人の手で交配させてグレー色のねこを再現させようとしたんです。

色柄のちがう、親子が仲良く寄りそう姿を見て「残念、みんな同じ柄だったらよかったのに」と思う人はいないことだろう。

今、人間の世界では、多様性を認めるようになってきていて、男女の差はもちろんのこと、肌の色で区別することはまったく意味がないことになりました。ねこも人間も色では区別できません。

ねこの世界では、初めから色柄のことは問題にしていないのである。色柄でねこを区別することは意味がないのじゃ。

アメリカでは奴隷制度があった時代に肌の色で奴隷をつくり、たいへんな人権の侵害をしてしまったけれど、その誤りに気付いて解放し、人権を認めたのも同じ人間でしたよね。

そのとおり。だから、わたしは、人間に誤解され苦しむねこを解放するために立ち上がったのじゃ。
そして今、「ねこの、ねこによる、ねこのためのけんぽう」の制定を宣言したのである。

●リンカンはねこを愛する心やさしい大統領だった

アメリカのホワイトハウスに初めてねこを連れてきたのは、第16代大統領　エイブラハム・リンカン（Abraham Lincoln）だったといわれています。

南北戦争の際、リンカンは母ねこを亡くした3匹の子ねこを見つけ、部下に世話を命じ、その後も、そのねこの様子を案じていた、というエピソードもあります。

「奴隷解放の父」「偉大な大統領」といわれた彼は、ねこを愛する、大のねこ好きだったようです。

●人間と暮らしてきたねこの1万年

ねこが人間と暮らし始めたのは1万年ぐらい前のことと考えられています。初めは今のようにいろいろな柄と色のねこがいたわけではないと思います。しかし、人間と暮らすことは外敵から身を守り、安全に子育てができることでもあったのです。そこで本来の色でない白や黒のねこが生まれても、人間に守られて暮らすことができました。

ねずみが嫌い(きら)な人間(にんげん)と、ねずみが〝好(す)きな〟ねこだからうまくいくんだね。

ねこの幸せ

この章でせんせいと対話する偉人ねこ

❶レオナルド・ニャ・ビンチ

すべてのねこはねことして尊重され、生きる権利がある、と考える芸術家ねこ

❷ニャーク・トウェイン

ねこには、国境も境界線もない、そこに壁があればその上がねこ道なのだ、と考える自由を愛する冒険ねこ

❸ニャージ・ウェルズ

町における自然には、ねこと人間も含まれることが真理、と未来を空想する作家ねこ

❹太ニャイ治

ねこを差別するこころは人間失格、と生まれてきた意味を探る、作家ねこ

基本的ねこ権

第1条 ねこの「基本的権利」を尊重するということ

ねこは、すべての基本的ねこ権の享有をさまたげられない。ねこけんぽうがねこに保障する基本的ねこ権は、侵すことのできない永久の権利として、現在および将来のねこにあたえられる。

気まぐれと言われようが、ねこは人間といっしょに暮らすことのできる最高傑作の芸術品である。

（レオナルド・ニャ・ビンチ／芸術家ねこ）

かんがえよう

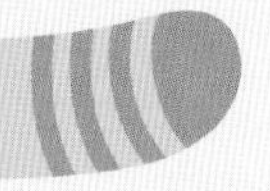

「基本的ねこ権」とねこの幸せ

芸術家のニャ・ビンチさん、ねこの幸せのために基本的ねこ権を主張しておられるそうですね。

そのとおりじゃ。人間に人権があるように、ねこにもねこ権があるのじゃ。

人権は何よりも大事な権利ですが、ねこにはねこ権が必要なんですね。

必要とか、あったほうがいいとか、そんな問題ではない。ねこが生まれながらに持っている権利がねこ権である。それを見える形にするのがわたしの目的なのじゃ。

ねこ権の説明の前に、読者にもわかるように人権について説明したほうがいいですか？

したまえ、したまえ。ねこは芸術品です。

人権とは、人が自由に考えたり行動したりしながら幸福に暮らせる権利のことです。

うむうむ、それをねこに当てはめてみるとどうなるかな。

ねこ権とは、ねこが自由に考えたり行動したりしながら幸福に暮らせる権利。となりますが、ねこの幸福って何なんでしょう。

ねこの幸福は、ねこに聞かねばならんぞ。

だから、聞いているんですけど。

あっそうだ、わしはねこじゃった。ねこの幸福とは……。

幸福とは？

なんじゃったか。そうじゃ、食べられること、寝られること、居心地が良いこと。

なぁんだ、ずいぶん普通ですね。

なぁんだ、とは失礼な。普通に過ごせることこそが幸せであり、そうあるべきである権利がねこ権なのじゃよ。寒かったり、ひもじかったり、いじめられたりしないことが幸福の条件なのじゃ。

すいませんでした。たしかに、普通であることほど大切な

ことはありませんね。自由のほうはどんな感じですか。

どんな感じって言われると答えにくいが、自由であるに越したことはない。住む場所を自由に決められて自由に繁殖ができて、飼い主だって自由に決められる。これが本来のねこのありようなのじゃ。

めちゃくちゃ自由を満喫しちゃうんですね。

これぐらい自由じゃないとねこらしくないだろ。ほうっておいてほしいな。

人間とともに暮らしているのですから、ほうっておくわけにもいかないところはあると思いますが。

人間のように働けとでもいうのかな。ねこは働かん。ねずみはとるが、働くつもりはなーい。

労働の義務はないんですね。

ない。

ずいぶんはっきりと言い切りましたね。

ねこにもねこ権があると主張するのは、ねことして普通に

暮らしたいからなのじゃよ。きみたち人間だって普通に暮らしていて、町が爆撃されたり戦車が乗り込んできたりしたら人権が侵されたことになるじゃろ。

たしかにそうですね。

ねこだって同じことなんじゃよ。戦争に巻き込まれたらもちろんのこと、普通に暮らしたいねこの自由が束縛されたら、それはそれで権利の侵害というわけじゃ。つかまったり、売られたり、殺されるなんてまっぴらごめんじゃ。

おっしゃることはわかります。町に住むねこのみなさんにとって、今の社会状況は戦時下のようなものかもしれませんね。

わかってもらえればよい。町では常にいのちの危険にさらされ、安全な地を求めれば外出の自由は奪われる。まさに戦時下である。

どうしてこんなことになってしまったんでしょう。

その、どうしてを考え、解決法を見いだすことが、これからの課題である。

わかりました。こころして取り組みます。

よろこんでほしいね。人間が愛せる「最高の芸術品」がねこなんだゾ！

ねこの自由の保障

第2条「自由」それこそがねこである

ねこの自由とは、行動の自由、精神活動の自由、奴隷的拘束からの自由、繁殖の自由である。この自由権は「人間からの自由」であり、すべてのねこにあたえられる権利である。

ねこはねずみを食べたかったからとったのではない、禁じられていたからこそとったのだ。

（ニャーク・トウェイン／自由を愛する冒険ねこ）

かんがえよう

ねこは「自由」を求めて生きる動物

ニャーク・トウェインさんは、冒険を通じてねこの自由を考える活動をしているのですね？

ねこは家の中に安全を求めるが、自由こそがねこなのだよ。

日本ではむかしから「ねこは家につき、いぬは人につく」と言われています。「家」とは生活する環境のことです。ねこにとっては環境がとても大切だということですね。

わたしなら「ねこは環境につく」という名言を残していただろう。今はすべて「室内」という環境が多くなってきているようだね。

はい、完全室内飼いと呼ばれています。窓から外を見ることで鳥が見えたり、風に揺れる木々を感じたりするのです。

外の世界には自由と冒険がある。外は刺激的なのだ。

本来、ねこは外を駆け回る動物ですから、家の外と内を自由に出入りできるような環境を用意してあげたいものなの

ですが……。牧場に住むねこは最も理想的ではないでしょうか。

スイスの牧場なんて魅力的だな。

自然の豊かな環境で飼われているねこは、自由に歩き回っています。これはねこの理想的な暮らし方ですね。でも、都会ではなかなかそうはいかない。ですから、室内でもできるだけ動き回れる環境を作って、運動させてもらいたいです。

ねこというものは縄張りをもち、その範囲の中で生活するのだよ。家の中を縄張りであると認識してそこに満足できるのならよいのだが。

ねこは警戒心の強い生き物ですから、縄張りの中で外敵の気配を感じることを好みません。そういった意味で、家の中は安心できる環境であり、縄張りだと思います。

安心は最大の幸せといえるが、運動不足は最大の不幸である。

ねこに良い環境を提供するのは、人間の知恵に頼らなくてはなりません。階段はねこにとって良いアスレチックになります。変化に富んだ家は、ねこにとって良い環境です。

ねこは本能のまま生きる

ジャンプすることはハンティング本能の一つの表現ととらえてもらいたい。ねこじゃらしに飛びつくのは、本能にほかならないのだ。

人間の手に飛びつくことは、困った問題行動としてよく相談を受けます。

人の手はよく動くし、最高の疑似獲物なので、ねことしてはじゃれたいと思うのだが、迷惑だったかな。

飼い主が字を書いていたりすると、その手の動きに誘われて思わず飛びついてしまうのは、ハンターとしての本能なんですね。

本能のないねこなんてない。そんなものはありえない。

●ねこの感情を見抜く

目

目を見開いているのは警戒しているとき。目をつぶっていたり体を横たえて足を投げ出しているときは、リラックスしている状態。

しっぽ

しっぽの動きが速かったり、ゆらゆら揺れているのは、興味しんしんのとき。

耳

嫌な気持ちになると横を向き、怖いと耳が倒れる。まっすぐ前を向いて耳をそばだているのは、何かに注意しているとき。

「シャー」

これは威嚇の声で怖いときによく発する。この声を聞いたら「怖がりなんだな」と優しく接してほしい。ほかに、絶対に触らないで、触ったら飛びかかる、という「シャー」もある。

「わがまま」「気まま」に付き合うのって、案外いいもんなんだよ！

守られる権利

第3条 ねこは町を守っている だから町に守られ 暮らす権利がある

すべてのねこは、町の中に縄張りを持ち、自由に行動する権利がある。ねこは町と共生関係にあり、ねずみの害から町を守る義務を課せられた。しかるに町は、ねこを外敵から守り安全を確保するものでなければならない。

ねこがもともと透明だったら、人間と暮らすことにはならなかっただろう。なぜなら、見えない尻尾を彼らが踏みかねないからだ。

（ニャージ・ウェルズ／空想好きなSF作家ねこ）

かんがえよう

ねこは町に飼われている

ニャージ・ウェルズさんの SF 的想像から、町はねこにとって、どうあるべきと考えますか？

町は人間の暮らす最も身近な環境だと思うよ。ねこにとっても同じだね。安全に歩くことができ、生涯をまっとうできる。そんな環境をねこも望んでいる。

人もねこも家はあるけれど、町に暮らしているというイメージですね。

人は町に暮らし、ねこは町に飼われているという感覚。どこの家のねこであろうと、町ねこであることにかわりない。

そんな町に暮らすねこたちは、お店でも他人の家でも出入りが自由で、好きなところでお昼寝ができる。

ぼくの暮らすイギリスの田舎町はみんなそんな感じだよ。

人間だけが町に住んでいるわけではないですよね。町はいろいろないのちの共存する場所で、一見すると自然とはち

がう存在に見えるけれども、町という自然の中で人間以外の動物も共生している空間なんですよね。

そうだね。町にはねこという肉食動物は必要なんだよ。ねこがいてこそねずみのコントロールができ、人間にとって生活しやすい環境が作り出せるんだ。

ねこの飼い主は人間だと思っていたけれど、本当の飼い主は「町」なんですね。SF小説や科学小説の世界ではなくても。

交通事故からねこを守る

それには、町が安全でないと、ダメ！

そうなんですよ。外に出るねこにつきものなのが交通事故です。「室内飼い」をする人に理由を聞くと、外を自由に歩かせたいけれど「交通事故が心配」と言う人が多くて。

とっさのときとか、夜、視界が悪いときは、避けられないこともあるよね。

西洋の町づくりの発想に、道から町をつくるという考えがあります。生活道路と車の移動を重視した道路では、まる

でそのありかたがちがいます。

イギリスでも生活道路は車もゆっくりと走るんだよ。ねこもいるけど、人間だってひいたら大変だからね。

アメリカの住宅地にも車は入りますが、すべて袋小路になっているから通り抜けの車はいないんです。だから飛ばす人はいない。時速 24 キロ以下です。何かあればすぐに止まれるスピードなんです。

日本にきて思うことは、道が狭くて歩行者にはつらい環境だなということ。車に自転車まで走っていて、それでそこを歩かなくてはならないわけだからね。

交通マナーも大切だけど構造的な問題もなんとかしてほしいものです。

どの町もねこにとって安全であるべきなんだよ。それが人間にも安全な町なんだから。理想の未来を想像しないとね。

これからの道路は車専用道路と歩行者のための道がはっきりと分かれるようになると思います。そして車と歩行者が共有するような生活道路は交通システムで制御されて、歩行者の安全が確保される時代がもうすぐ来るはずです。

車の自動運転も現実化しているし、移動手段としての自動車の存在も変わってくるだろうね。

今までが町の道路は危険すぎたんだと思います。それに慣れてしまったのも問題ですが、みんながそんな車優先の生活に妥協して、しかたがないと思い込んでしまったのは残念なことです。

こんなに道ができて車が走り回るようになったのは、日本ではこの 50 年ぐらいのことで、その前は人もねこものんびり歩けたらしい。急激な交通環境の変化に道路行政がついていけなかったんだろうね。

町が発達したとはいいますが、そのかわり住環境が悪化するというデメリットがあったんですね。

わたしの SF 作家としての未来都市の発想は、ねこにも安全な道のある町なんだ。それは当然、子どもたちも安心して歩くことのできる道でもあるからね。

早く現実となることを望むばかりです。

ねこの自由(じゆう)を守(まも)っていけば、自由(じゆう)の意味(いみ)がわかってくるはずよ！

品種改良の禁止

第4条 ねこを苦しめる「品種改良」

すべてのねこは、被毛の色の多様性をもつ。それは、遺伝子の多様性に起因し保障されるべきである。人間はねこの品種改良において、その遺伝子を固定してはならない。

人間とは裏切られたねこの姿である。

（太ニャイ治／自分をあわれむ作家ねこ）

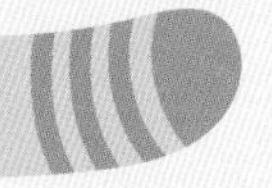

かんがえよう

「品種ねこ」って何

太ニャイ治さんは、ねこの品種改良についてあわれんでいらっしゃるとお聞きしています。

ぼくは、品種改良されたねこではないけれど、世の中では品種ねこが売り買いされている。

はい。たとえば、ヒマラヤンという目が大きく顔の平たいねこがいますが、このねこは人間が作り出した品種ねこなんです。

ヒマラヤンっていうぐらいだから、ヒマラヤのねこだって人は思っているようだね。寒いから毛が長いとも考えられている。

そういうわけではないんです。毛の長い遺伝子をもっているだけです。

どうして、ぼくよりも毛が長くて顔が平たくて、目が大きいんだろう。

それは選択交配といって、人間がそういった特徴をもったねこ同士で交配させたからなんです。

それって人間失格なのかな。

人間失格かどうかはわかりませんが、そうやって品種を作るという技術がイギリスで発展していったのです。

ヒマラヤというイメージから姿形をつくられたねこだったんだね。ヒマラヤも寒いだろうけれど、ぼくの出身地の津軽も寒いんだよ。

知りませんでした。

でもぼくは、毛も長くないし白くないし、目も大きくない。環境に適応できないぼくはねこ失格なんだろうか。

環境に適応して進化してゆくというのはキリンの首や象の鼻などにあると思いますが、ヒマラヤンといってもまだ100年くらいで、進化とはちがいます。

動物の進化は自然の法則に従ったものだと思うけど、人間の手で品種改良されて変わっていったねこの姿は、それとはまったくちがうということなんだね。

そうなんです。そんなふうに外形を重視して交配させられたのが「品種ねこ」なんです。

繁殖のためだけに使われる親ねこたちもかわいそうだね、なんのために生まれてきたんだろう。

イギリスの獣医師会では、短頭種（息がしづらく苦しい思いをする）のねこであるチンチラの絵が描いてあるクリスマスカードは使わないで、と呼びかけています。

日本人は、舶来ものに弱い。科学にも弱い。科学を知らない人間は全体が見えず、ときには人も傷つける。結果としてねこも傷つけてしまう。

品種改良がねこを不幸せにしている

人間が選択交配をさせ、品種改良をしてきたのですが、あまりにも近い系統で交配が続けば、当然、遺伝疾患が多く発生します。特定の品種ねこに心筋症や多発性のう胞腎、アミロイドーシスが多いことが知られています。

それではねこは苦しみを背負うね。品種改良はいつごろ始まったんだろう。

ビクトリア時代にイギリスで盛んにおこなわれたらしいのです。万国博覧会が始まったりして先進技術のお披露目と、キャットショーを新興貴族がやり始めた影響だと思います。

そうした品種改良の結果、めずらしいねこが人気を集めるようになったのか。かわいさをアピールするだけのために、無用な品種改良をされて苦しまなければならないのは、ねこ自身なんだ。

スコティッシュフォールドの特徴である「折れ耳」は遺伝疾患の「骨軟骨異形成症」なんです。程度の差があるとはいえ、関節の軟骨に異形成がおこるので鈍痛があり、あまり動きたがらないねこになり、ジャンプもしません。

折れ耳の「かわいい」が痛い。

ねこは、自分で「痛い」「苦しい」と言葉に出して伝えることはできません。遺伝的な病気が発生したら治すことはできないのです。

遺伝疾患が出ることがわかっていて繁殖させるとなると、これは明らかに動物愛護の精神に反しているといえないか。それこそ人間……。

お願いです、それ以上は言わないでください。

「友」になるか「敵」になるか、それは心がけしだい。

いのちの尊厳

この章でせんせいと対話する偉人ねこ

❺ヘレン・ケニャー
母ねこの育児をさまたげることは、いかなる者もできない、と考える、見えないものが見えるねこ

❻ギャーテ
ねこには尊厳があり、商品にされない権利がある、と考える悩み多きねこ

❼ニャールズ・リンドバーグ
人間がねこを愛し、努力しなければ、ねこと人間のよい関係は維持できない、と考える、できれば空を飛びたいねこ

❽バートランド・ニャッセル
ねこの愛をうけとる人間は、ねこに愛をあたえる人間である、と幸福とは何かを考えるねこ

❾サルニャドール・ダリ
ねこは自由であり、自らの道をもっている、と考える気ままな芸術家気質ねこ

❿ニャン・コクトー
「たぐいまれなもの」それがねこの個性であり、芸術品そのもの、と考える、詩を詠むねこ

親子で暮らす権利

第5条 子ねこを母ねこから引き離してはならない

すべての子ねこはみな、母ねこからお乳をもらい、ねことして育てられ、きょうだいとともに育って社会性を身につける権利がある。母ねこの育児をさまたげることはいかなる者もできない。ねこは母子関係が唯一の関係であると定めるとき、母ねこは子ねこを育て上げるまで安全な環境が保障される。

この世界で、最も美しいものは、見えたり聞こえたりするものではなく、こころで感じるものではないでしょうか。

（ヘレン・ケニャー／見えないものが見えるねこ）

かんがえよう

人間の都合で子ねこを引き離す現実

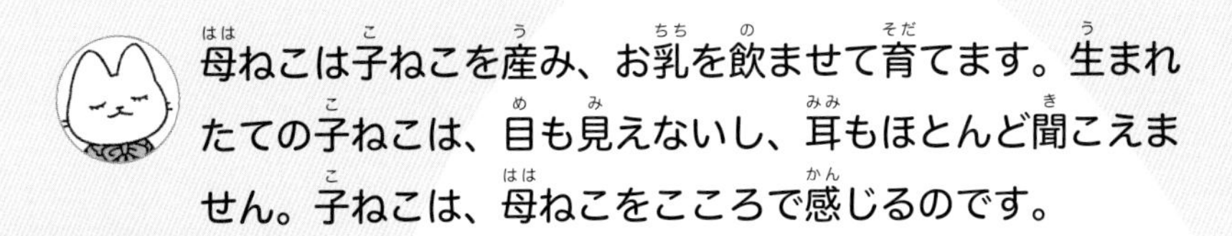
母ねこは子ねこを産み、お乳を飲ませて育てます。生まれたての子ねこは、目も見えないし、耳もほとんど聞こえません。子ねこは、母ねこをこころで感じるのです。

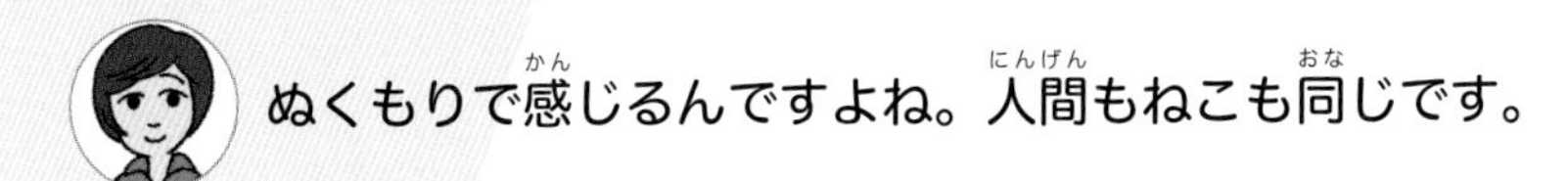
ぬくもりで感じるんですよね。人間もねこも同じです。

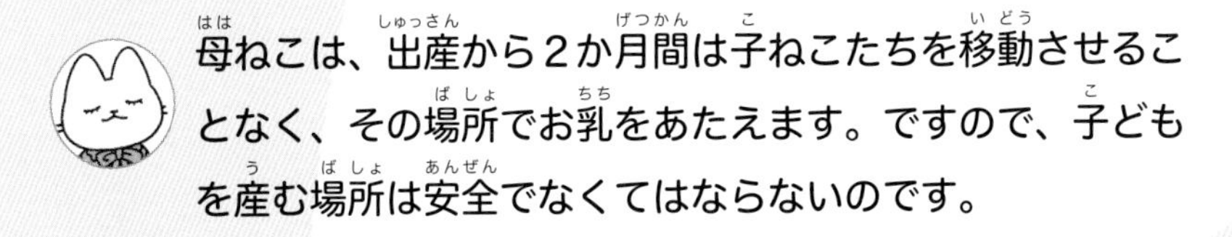
母ねこは、出産から２か月間は子ねこたちを移動させることなく、その場所でお乳をあたえます。ですので、子どもを産む場所は安全でなくてはならないのです。

お母さんが一人で育てるのですね。

そうです、今でいうところの母子家庭。母親は子どもたちのためにおっぱいを飲ませなくてはならないので、たくさん食べなくてはなりません。

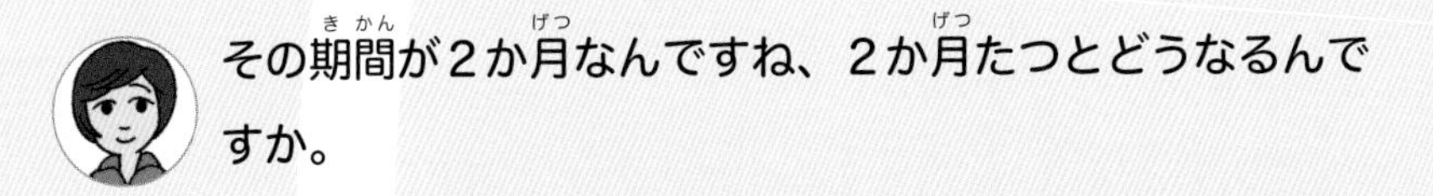
その期間が２か月なんですね、２か月たつとどうなるんですか。

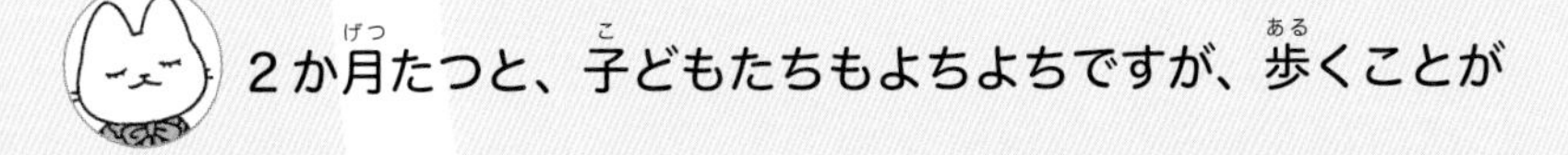
２か月たつと、子どもたちもよちよちですが、歩くことが

できるようになります。そうすると、初めて巣から出てきます。鳥でしたら、巣立ちすれば親とは別々に暮らしますが、ねこの母子関係はまだ続きます。

お話の途中で申し訳ありませんが、２か月の子ねこがペットショップで売られているというのは、ご存じですか。

お母さんと子ねこたちもいっしょに？

いいえ、子ねこだけです。ペットショップはご存じないでしょうか。

わたしは見ることはできません、しかし感じることはできます。あなたは、母親と引き離された子ねこのすすり泣きを聞いたことがありますか？

すすり泣くというか、にゃーにゃーと泣いていますが。

それは母親を呼ぶ声なのです。かわいそうに。

お母さんと引き離されてしまったのですから当然ですね。

人間失格です。

前回の方を引きずっていますね。本当に申し訳ない気持ちです。２か月を過ぎた子ねこたちの生活を教えてください。

２か月を過ぎると、子ねこは母親がとってきた獲物を少しずつ食べるようになります。それでもまだおっぱいは欠かせない栄養です。そしてきょうだいで遊ぶことで、自分がねこであるという自覚が芽生えてゆくのです。

生後２か月から４か月の、この２か月間が、離乳したとしても大切な時期なんですね。

そして生後４か月になると、ようやく自分で狩りをするようになります。まだきょうだいや母親とはいっしょですが、次第に自立に向けて準備して、自信がついた子から母親の元を離れ自分のテリトリーをもつのです。

そうすると、ねこの自立には４か月以上の時間が必要なんですね。現状の売買を見ると悲しくなります。

親ときょうだいとともに過ごす人生初めの４か月は、ねこにとって黄金の日々なのです。

ねこはねこが育てる

２か月で母親と引き離され、２か月の間ケージで過ごしていた子ねこの日々は何色でしょう。

何色でしょう、って聞かれても、もう答えられないです。

透明です。ねことして生きていないからです。色がつかないのです。ねことしての自覚やきょうだいとの遊び、母親の愛情も知らないのですから。

ほんとうに。ねこには母親が必要ですね。

幼くして母ねこから引き離すことは、母親と子ねこの権利を侵害していると言わざるをえませんね。たとえ明確な法律違反がないにしても、「ねこけんぽう」から見れば明らかな違反です。

ねこは言葉を発しませんが、幼い自分の子どもと引き離されたら、とっても悲しいはずですよね。

近ごろ、日本でも、あまりにも幼い子ねこの販売は禁止になりましたが、子ねこを売ろうとするなんて明らかな親子の権利の侵害です。

ねこに寄りそってごらん。きっとこころが豊かになってくるはずさ……。

ねこの尊厳

第6条 ねこには「商品にされない」権利がある

「生き物」であるねこは、法律上は「もの」としてあつかわれる。いのちがあり、こころも有する生き物を「もの」と認定することは、道徳上このましくない。したがって、法の定める「もの」であるねこを「いのちを有するもの」と規定し、あつかわなくてはならない。

いのちは「もの」ではない、こころも「もの」ではない。でもねこは「もの」という法律は正しいのだろうか。

（ギャーテ／悩み多きねこ）

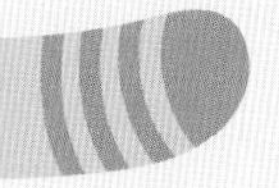

かんがえよう

「かわいい」と「かわいそう」は同時に存在できない

ギャーテさんは、何に悩んでいるんですか。

「パピーミル」っていう言葉知ってる？　日本では、いぬやねこが「商品」としてあつかわれている。だから人気商品として、そこいらで売っているし、工業製品のように工場みたいなところで生産されている。

直訳すると子犬工場ですね。さすがに違和感ありますよね。いぬを生産するなんて。

「もの」あつかいすると、こういうことになりかねないと心配していたんだ。かごに入れて卵を産ませる鶏と同じあつかいなんだね。

「かわいそう」の一言です。

そうなんだけど、「かわいそう」の前に「かわいい」と感じちゃうと「かわいそう」と思えなくなっちゃうんだよ。悩みどころだよね、ケージの中で子ねこが売られているのを見て「かわいそう」と思うか「かわいい」と思うかは。

この２つの感情は、同時には存在できないようなんだ。

なんだか複雑な感情ですけど、そうですね、かわいくてかわいそうな子ねこっていません。展示販売というやり方は「かわいい」を先に感じさせてしまうので問題ですね。

展示販売はかわいそう

フランスでは 2024 年 1 月からいぬとねこの展示販売を禁止し、「かわいそう」という気持ちを大事にするようにしましたね。

「かわいい」気持ちが先行すると衝動買いにつながるからなんだろうな。

ですから、ねこを家族として迎え入れる場合には、営利を目的としない保護団体や個人から譲ってもらわなければならなくなりました。アメリカ・カリフォルニア州でも、2019 年１月からペットショップでの保護動物以外の販売は禁止になったのです。

なんと。

つまり販売できるのは、アニマルシェルターやレスキューセンターなどの動物保護施設から受け入れた子いぬ、子ねこ、うさぎだけになりました。

違反すると罰金だ。

第三者の見えないところで育てられたいぬやねこ、うさぎはどんな状態にいるのかわからない。だから、そういうところで育てられた動物を売るのはダメということですね。

見えないところでは現実を直視できない、ということなんだな。

十分な栄養や水をあたえられているか、人間とのコミュニケーションをとっているか、適切に運動させられているか、狭くて不衛生な環境に置かれてはいないか、無理に赤ちゃんを産ませられて、お母さんが苦しい思いをしていないか、病気になっていないか。ちゃんと見ないといけません。

何をやっているのか知らないほど、恐ろしいことはない。

言葉を話せない動物たちの訴えを聞き届け、動物を愛する人たちが力を合わせてルールを作ったのです。

アメリカには動物虐待防止協会（ASPCA）があるそうじゃないか。動物も人間と同じように、痛いし苦しいし悲しむのだから、人間にしてはいけないことは動物にもしない、という考え方なんだよ。

いのちあるものは動物福祉の考え方にそってあつかうという意識が、世界中に広がっています。鶏も狭いケージで飼うのではなく「平飼い」で地面を自由に歩き回って砂浴びしたり、卵を産箱に産み落としたいという本能を満たせる飼い方がすすめられています。

ドイツでは動物の保護施設、ティアハイムという「動物の家」があって飼いたい人には審査して譲っているんだよ。動物は「家具のようなあつかい」だったけど、今は人間の「同胞」と言われるようになって、「動物はものではない」という意識が広がっているらしいよ。

日本でも動物を愛する人たちは、いぬやねこを大切な存在だと思っています。ですから、いぬやねこが「もの」としてあつかわれることには、とてもこころを痛めています。そして、動物の保護と譲渡を積極的に行う動物愛護センターの活動が広がってきて、飼い主希望者とねこのマッチング、橋渡しをしています。

いいぞ。もっと光を。

人間とねこは同じなんだと思えれば、きっと新しい世界が開けるよ。

生きる権利

第7条 すべてのねこにはねこらしい生涯をおくる権利がある

人間が人間らしく生涯をまっとうできるのは、社会のシステムが働いているからである。ねこが人間といっしょに暮らすのなら、人間はその社会システムにねこも組み込んで機能させなければならない。

人間の価値は成果の大きさではなく、その人が苦難を乗り越えたときの勇気の大きさだ。

（ニャールズ・リンドバーグ／できれば空を飛びたいねこ）

かんがえよう

ねこをケージで飼う時代は悲しい

大西洋を初めて横断したリンドバーグです。

素晴らしいチャレンジでした。何時間かかったのですか。

33 時間 29 分かかりました。操縦室で座りっぱなしで大変でした。お尻が痛いなんてもんじゃないです。

いくらチャレンジとはいえ、狭いところに長時間いなくてはならないことは苦痛ですね。とつぜんですが、ねこをケージで飼うということについてはどう思いますか。

33 時間 29 分ですか？

いいえ、生涯をケージの中で過ごすのです。

ありえないでしょ、ねこは金魚じゃないんだから。

わたしもはじめは信じられませんでしたが、これは実際にあった話です。10 年の生涯をケージの中だけで過ごしたというのです。人間でいえば、一つの部屋に一生いたとい

うことになるでしょうね。

なぜ、そんなことになったのか、聞きたいですね。わたしもパリに着くまでは操縦席に座っていたけど、いくらなんでもそれ以上座っていようとは思いません。

ねこを管理して飼うという発想がありますが、わたしはその感覚が行き過ぎてしまった結果だと思っています。

いくら室内飼いが推奨されているといっても、それはおかしいです。家の中ぐらい自由に歩かなくては。

えさをあたえられ、トイレがあり、寝る場所があるとしたら生命の維持はできますが、それはもう独房と同じことです。自由がありませんので。

ねこの自由についてはわたしなりに意見があります。ねこは野生動物のように人間との関係がないわけではありませんから、ある程度の制約はしかたがないでしょう。しかし、生き物としての尊厳やねこらしく生きる権利はあります。

おっしゃる通りです。外に出しちゃダメ、台所に入っちゃダメ、寝室に入っちゃダメ、そしたら、ケージの中だけになっちゃった、では生き物としてあつかっているとは思えません。

一時的に、ケージに入ってもらおうというときはあるかもしれないが、それはダメです。閉じ込められる苦痛というものを理解しなくてはいけない。

外に出してはいけない、という考え方はアメリカを中心にオーストラリアでも強くあります。野生動物をとるので自然破壊するというのです。さらには狂犬病ウイルスの存在もあり、感染したら大変だという気持ちはわかります。

狂犬病は怖いです。

実際、アメリカでは狂犬病は発生していますし、吸血コウモリがウイルスを持っているのです。州によっては、ねこも狂犬病のワクチンを打つことが義務化されています。

ヨーロッパでは、ねこは外に出てますが。

はい、そのとおりです。どんな飼いねこでも家の中だけということはあまりないようです。外に遊びに行くからねこなんだ、という発想ですね。大西洋を越えたりするのはやりすぎですが。

一本取られましたな、わっはっは。

おじいさんみたいに笑いますが、若いんではなかったのですか。

25 歳です。

うーん微妙。ねこで 25 歳は若くないですね。
アメリカとイギリスでは、室内のみでのねこの飼育に関して学者を巻き込んで論争があります。野鳥をとるからダメというアメリカの学者に対して、元気な野鳥をねこはとれない、落鳥寸前の死にそうな鳥なので生態系は壊していない、とイギリスの学者は反論します。

どっちもどっちだけれども、日本はアメリカ寄りの考え方なんですか。

日本でも平安時代、ねこが本当に貴重な時代には、貴族がつないで飼っていたという記録があります。それでも逃げちゃうので、屋敷を高い塀でおおったというのです。

いずれにしろ、ねこは自由がほしいので、ちゃんと考えてください。

ねこだって人間だって、いつも外に飛び出したいと願っているものだ……。

生きやすいように生きる自由 ―

第8条 すべてのねこは偉大な芸術家である

ねこは生きやすいように自由を求める生き物である。その行動を制限することはできない。

人生で悪いことは2つしかない。人間になることと、ねこをやめることである。

（サルニャドール・ダリ／気ままな芸術家気質ねこ）

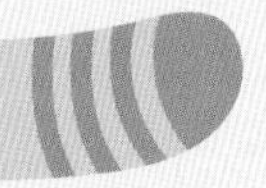

かんがえよう

オスねこに聞く「縄張りがそんなに大事？」

こんにちは。ダリさんは、偉大な芸術家とお聞きしてますが。

ありがとう、そうなんだよね。オスねこが何考えているのか聞きたいんだって？

はい、みなさん、ねこといえば、かわいいと思っているようなんですが、なかにはすごい風体の少しもかわいくないオスねこがいて、ボスねこなんて呼ばれたりしてますでしょ。どうしてあんな感じなんですか、と聞かれるものですから。

よく人間は、「ねこは気楽でいいな」なんて言うけど、競争社会は人間のものだけではないのだ。オスねこは自分の子どもをより多く残そうと、日々、縄張りの拡大にあけくれている。彼らなりに忙しいんだよ。

忙しいと言いますと。

オスねこにとって何物にも代えがたいものは、縄張りなんだ。とにかく広いほうがいいのだが、見回るだけでもそれは大変。

あれは見回ってるんですね。

見て回るだけじゃないよ、おしっこをスプレーして自分の縄張りであることをアピールしなくてはならないし、ライバルに出会えば戦わなくてはならないこともある。

仁義なき戦いですね。

あんた古いね。まあ、とにかく食べるひまもないほど大変なんだよ。こころも休まらない、かわいいところなんてみじんもないんだ。

ねことして生き様からちがうわけですよね。

より野性味が強いといえるだろう。ただ野生の警戒心についてはオスに限ったことではない。メスねこだって強い警戒心をもつねこもいるんだよ。特に子育て中の母ねこは子どもを守る気持ちが強いだけに警戒心も強いよ。

オスとメスが出会ったり子どもを産み育てたり、これが本来のねこの生き様なんですね。どうしてもかわいいねこという方向に、人のこころは傾いてしまいます。

ほとんどの家畜は野生だったころの警戒心は持ち合わせていない。いぬなんてオオカミに比べてどれほどかわいくなったことか。しかしねこは、かわいいのもいるが警戒心が強くて、いまだ野性味の強いのもいる。とても人間とは暮らせないのではないかと思うほどなのだが、そのねこを無理やり飼いねこにしようとすると大変なことになる。

ねこはみんなかわいい性格だと思っていますが。

人間側から見たらそうあってほしいと思うのかもしらんが、ねこは最も野生に近い家畜であることを理解してもらわなくてはいかんぞ。

かわいいと野生は、まったく別物ですよね。

別物も別物、人間はかわいいねこが好みのようだが、野性味の強いねこは人間と距離を置くことで生活をしている。

それは、野ねことか野良ねことか呼ばれるねこのことでしょうか。

そんな呼び方はどうでもいいことで、かえって誤解を生みかねん。野にいても飼いねこになるねこはいるのだ。反対にマンションにいようとも、警戒心の強いねこは人間との生活がうまくいかないものなのだ。

たしかに、ねこの問題行動として取り上げられることがあります。動物心理学みたいなもので解決しようとしてますね。

わたしの言いたいことは、そのねこの本能からの性格のようなもので、矯正したりしつけたりすることができる分野ではないということなのだよ。

いぬのように、「しつけ」はできないですよね。

だから、人間と距離を置かなくてはならないねこたちのために、町として彼らの居場所を確保してほしいと願うのだ。芸術家として。

芸術家も普通の社会ではいづらいのでしょうか。

たしかに、いづらいのだよ。

人間を見ていると、つくづく不自由でかわいそうだと思うなあ！

平和に暮らす権利

ねこと出会うには平和な生活が必要

ねこと暮らすために人間は、自由と秩序を基調とする平和な社会を維持しなければならない。ねことの幸福な生活のために、人間は争いごとを放棄しなければならない。

人とねこが今までどうやって出会って暮らしてきたかを哲学的に語りましょう。そして、愛ある暮らしがどれほど尊いものであるか、科学的に語らなくてはならないでしょう。
なぜなら、科学がなければ愛は無力ですが、愛がなければ科学は破壊的だからです。

（バートランド・ニャッセル／幸福とは何かを考えるねこ）

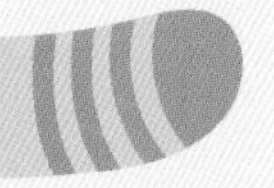

かんがえよう

ねこは「いつの間にか家族」になっていく

ニャッセルさんは、ねこの幸福について日々研究をなさっているのですね。もともと、ねこは家にやってきて住み着く動物だったのではないでしょうか。

幸福は、歩いてやってくるのだ。

ねこが自分から飼い主を探すという感じで出会っていたんですね。いつの間にか家に入り込んだりして、人間が自分を許容するかどうか試したりしているうちに、お互いが相手を認め合うことになるんです。

なかなか哲学的な話ではあるな。ねこが自分の「自由」の一部を飼い主に預けるのじゃな。人間もねこに安全な寝場所を提供することで、両者の関係が成立する。

つまり、飼いねこと飼い主になるのですね。

そうだな、経済学者はここで契約が成立したとか言うじゃろう。

今はこのような出会いは都市部では少なくなってきて、それこそ譲渡契約とか売買契約とか人間と人間の契約になってしまいましたが……。

うむ、ねこを飼うということは人間とねこの契約なんじゃがな。これも時勢柄かもしれんな。しかし忘れてはならんことは、人間同士の契約にはねこの意思は反映されていないということじゃ。しかるに、おたがいが常にねこの権利と自由について考えなくてはいかん。

自由はなんとなくわかりますが、権利となるといろいろあるので簡単ではなさそうですね。

たしかにむずかしいが、これがわからんと動物愛護も動物福祉も語れん。すべては哲学というものから始まっているのだから、とにかく考えてみたまえ。

もう、「ねこけんぽう」の９条まできていますので、考えすぎちゃって意識がもうろうとしてきました。

しっかりしなさい、なん条まであるんだね。

16 条まであるそうなんですよ、もう、くたくた。

ねこには飼い主をカエル権利がある

それでも著者なんだからがんばりなさい。ねこには飼い主を替えることのできる権利があることを知っておるか。

飼い主を変える、ねこを飼ってすっかり人が変わりましたなんて人いますかね。

変えるじゃなくて替えるじゃ。

カエル？

ちがう、チェンジのことじゃ。この権利は今や忘れ去られる一歩手前なんじゃが、自由なねこのもつ最も強力な権利だった。しかし、ねこが管理されるようになり自由が制約されると、この権利が使えなくなってしまったのである。

うーん、意味深ですね。つまりこういうことですか。ねこが自由にどこへでも行ける状態だと、飼い主に不満があればちがう家の飼いねこになっちゃうということですね。

そういうことじゃ。現代における動物虐待も繁殖場の問題も、この権利が行使できない状態で起きているのだと思っておる。飼い主にネグレクト（飼育放棄）されること

もその場を逃げ出せれば解決できたのかもしれない。

そんな権利があるとは知りませんでした。最後まで面倒みなさいと、飼い主は行政から言われてます。

残念ながらいぬにはこの権利はないな、ねこにしかない。しかし、風前の灯火じゃ。

もちろん同じ飼い主で一生を過ごせればいうことはないのですが、人間は変わりますからね。

人間が変わらなくても環境は変わるのだよ。たとえば、おばあさんの飼っていたねこがいるとしよう。おばあさんが亡くなってしまったら、ねこは新たな飼い主を探さなくてはならないこととなる。おばあさんの家族がいれば話は別だが、そうでなければ、ねこがまた新たな飼い主を選ぶか、飼い主のいないねこになるしかない。

野良ねこですか？

飼いねこ一時保留の状態じゃ。飼い主募集中。

彼氏と別れて新しい恋人を募集中の女子みたいですね。

そうじゃ、がんばればなんとかなる。

「愛してくれてありがとう」。わたしたちはいつでもそう思っていますよ！

個性あるねこの尊重

第10条 ねこはしつけが必要ない動物なのである

人間のねこへのしつけは、絶対にこれを禁ずる。ねこの学校は、その存在を認めない。

警察猫がいないことがせめてもの救いである。

（ニャン・コクトー／詩を詠むねこ）

かんがえよう

個性を消して完成するのが人間

わたしの耳はねこの耳。
芸術のデパート、ニャン・コクトーです。

すべての芸術に通じていらっしゃるとお聞きしています。
個性に富んだお方なんですね。

ねこに向かって「個性的ですね」は、ほめ言葉にはならんだろう。

ほめているつもりだったのですが。

ほめてもらわなくても、すべてのねこは個性的なんだよ。

人間なら個性的と言われるとほめ言葉ととらえてしまいますが、なぜ、ねこは個性的なのですか。

きみたち人間は教育としつけとして「集団の常識」を学んできただろ。その常識からはずれてしまえば、もはや群れには属することのできない存在になってしまう。つまり……。

つまり……。

個性はわがままと解釈されて、個性を殺すことが集団に属する大人としての条件とみなされるのだ。

個性がないほうがいいんですか。変な感じですね。

集 団の中で活かされる特殊な能力を人間はいい意味での個性と評価する。そちらの個性はほめ言葉である。

特殊な能力とわがままが個性だなんて。

その両方をもつのがねこなんだよ。それでは、なぜねこが個性的であると言われるのかを説明してあげよう。

ねこは警戒心で生き延びた

初めてのお客さんのひざの上にチョコリンと乗るねこがいると思えば、何年たってもだっこすらできないねこもいる。外には人間の気配を感じただけで逃げ出すねこだっている。これはどれも個性とは呼びにくい習性で、しつけでどうこうなるものではないのだよ。

たしかに、そのような話は耳にします。どうしても慣れないねこがいますね。

長くいっしょに暮らせば、警戒心を飼い主だけには解くこともあるだろう。しかし警戒心そのものが、解かれるわけではない。ほかの人間への警戒は同じレベルで続くのだ。

警戒心と好奇心のバランスがねこの個性

どんなねこにも警戒心はあると思いますが、寄ってくるねこは警戒心が薄いのでしょうか。

薄いと言われると、そんなことはないと答えたくなるね。寄ってくる理由はほかにある。好奇心だよ。野生動物にはない好奇心というものが、ねこにはなぜかあるんだ。この好奇心の強さが、ねこの個性だと思われているようだね。

警戒心と好奇心のバランスなんですね。それがねこの個性になっているのかしら。

むかし、わたしたちがリビアヤマネコだったころ、そんな好奇心は持ち合わせていなかった。人間のひざに乗ってくるリビアヤマネコは今だっていないだろう。

いたらいたらで、うれしいです。

これはわたしの推測だが、初期のわたしたちの祖先には好奇心の芽のようなものがあったのではないかと思う。時間

がたつにつれて人間はより好奇心の強いねこをかわいいと思い、愛でるようになった。その結果、さらに好奇心の強いねこが子どもを産み、かわいがられる。

なるほど。好奇心の連鎖反応ですね。

物事は、一面からだけ見てはいけない。警戒心なくしてねこはありえないからね。真のねこ好きは、警戒心を超えたところにねことのつながりを感じて魅了されるんだ。

ずいぶん深い話になりました。かわいいだけのねこブームは困りましたね。

かわいいねこもおおいに結構だが、寄ってこないねこにこそ、ねこのオリジナリティがあると考えている。もし社会が寄ってこないねこを排除しようと考えているとしたら、あなたが止めなさい。

えっ、わたしが止めるんですか？　困ります、約束はできませんからね。

指切りしたよ。

ねことい っしょに虹(にじ)を眺(なが)めてごらんよ、いいもんだろう?

ねこを知る

いっしょにかんがえよう

この章でせんせいと対話する偉人ねこ

⓫アルバート・ニャインスタイン

ねこは神聖な好奇心を失わない、と考える科学するねこ

⓬アーニャスト・ヘミングウェイ

絶対的な正直さをもつねこと暮らすのだから、人間は幸せになれる、と考える、パパと慕われている小説家ねこ

⓭ニャールズ・ダーウィン

生き残るのは、変化に最も適応した種である、と「種の起源」を考えるねこ

⓮マザー・テレニャ

病気のねこを救い、ねこの健康を願う愛のねこ

⓯ヴィクトリニャ女王

ねこの愛護と福祉を願う、大ニャン帝国の女王ねこ

⓰ミケニャンジェロ

バチカンで壁画づくりに取り組む、ローマ法王に庇護された芸術家ねこ

ねこの習性

第11条 ねこの好奇心相対性理論

ねこの習性のなかで好奇心は、ほかの動物がもたない特殊な習性だと聞きました。はたして、ねこの好奇心はねこにどのような影響をあたえてきたのでしょうか。

「好奇心はねこを殺す」というイギリスのことわざがあるのをご存じだろうか。強い好奇心をもつと身をほろぼしかねないという、いましめの意味があるようだが、好奇心なくしてねこは語れないのである。

（アルバート・ニャインシュタイン／科学するねこ）

かんがえよう

ねこの好奇心を相対性理論を使って説明しよう

わたしは天才科学者、ニャインシュタインです。
とつぜんだが、好奇心と反対の言葉はわかるかね。

警戒心だと思います。

なるほど良い答えだ。ならば警戒心とはなんであるのか説明しなさい。

つまり警戒するわけですから、スーパーで渡されたおつりがまちがっていないかとか、家にかかってきた電話の相手がオレオレ詐欺ではないかとか……。

待ちなさい。それでは、主婦の警戒心のまんまではないか。
ねこの話をしたまえ。

失礼しました。買い物から帰ってきたばかりだったので、つい。

警戒心は動物のもつ本能とも呼べるものである。これなくしては、弱肉強食の世界を生き抜くことはできない。自

分の天敵にいつ襲われるかわからない状態で警戒心を常に全開にすることで生き延びるようにシステムとして組み込まれている。では、好奇心とは何か、答えてみなさい。

駅前のコンビニがつぶれた後に何ができるんだろう……。

待ち待ち、ストーップ！　なに素にもどっちゃってるの、ねこのことです。

すいません、ねこの好奇心といえば、えーと、おもちゃで遊ぶとかですか。

あれは、疑似ハンティングという狩猟本能のあらわれだろうね。では、好奇心は本能といえるかね 。

本能とはちがうような気がします。本能は動物が生きるために初めから備わった能力ですものね、好奇心はちょっとちがいますね。何なんでしょう。

ねこはチャレンジャー

野生動物は好奇心をもたないし、好奇心を出せば、いのちの危険が高くなる。つまり、しなくてもいいことをしたいと思ってしまうのが好奇心なのである。

人間の場合は、好奇心旺盛にいろいろしましょう、と。

しかし人間も、好奇心のおかげでどれほどの損をしていることか。たしかに、好奇心の強い人間が成功することもあるが、失敗する可能性も高いのだよ。

そのあたりは、個人の能力の問題なんじゃないですか。

たしかに。できないことをすれば失敗する、失敗してもできるまでやれば能力がつく。人間なら失敗を恐れずにチャレンジすることもできるだろうが、野生の世界では失敗は死につながるだけなのだよ。

そのとおりです。好奇心をもってチャレンジするのは、世界広しといえども、人間とねこだけということですね。

人間の歴史を見てごらん。失敗の繰り返しだ。好奇心のおかげでチャレンジはするが、成功できるのはごく一部で、多くの人が失敗を経験している。なかには失敗して死んでしまった人もいるだろうが、その失敗を見て次の人間が成功したりするんだ。

ねこの好奇心の先には人間がいた

ねこは人間と暮らすようになって天敵がいなくなった。そのおかげで、好奇心をもつねこが死ぬことなく次の世代に子孫を残すことができる。

ねこの好奇心とは何なのでしょう。

人間に興味をもつということじゃな。おそらく人間と暮らし始めたねこの祖先は、何かの影響で警戒心に勝る好奇心をもっていた。その子孫が今のねこなのだ。そして時間がたち、ねことして世代が進むと、好奇心をもつねこの割合はふえ、定着するようになった。

時間がたつことで好奇心という習性が重さを増して、ねこの中に蓄積してゆく。時間と重さの相対性理論がここに成立するのですね。

わしが言おうと思っていたのに、あなたが言っちゃだめ。

申し訳ないです。

とにかくこれが、わたしの提唱する「ねこの好奇心相対性理論」である。

幸せがほしければ、じっとぼくたちを眺めていなさいよ！

ねこと暮らす幸福

第12条 ねこと幸せに暮らすために

ねこと暮らすことで、わたしたちは多くの恩恵を受けることができます。しかし、人間の社会が便利さを追求するがあまり、ねこには良い環境を提供できなくなっています。ねこも人間も幸せに暮らすには、どうすればいいのでしょうか。

ねこを飼いながら幸せに暮らすことを求めるなら、あなた自身がねこを幸せにさせることのできる人間でなくてはならない。ねこに幸せにしてもらおうと思っているようなら、まだ幸せにはほど遠い。

（アーニャスト・ヘミングウェイ／
パパと慕われている小説家ねこ）

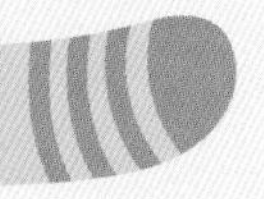

かんがえよう

ねこはこころをいやす存在になる

ヘミングウェイさん、ねこが人間のこころをいやす効果のあることが医学的にも証明されています。ねこをなでていると「セロトニン」や「オキシトシン」という物質が脳内に分泌されることがわかりました。

すぐれた小説はセロトニンの分泌をうながす。

セロトニンが不足するとメンタルが不調となりますので、とても大切です。また、オキシトシンは「愛情ホルモン」とも呼ばれますが、優しい気持ちにしてくれる母性にあふれるホルモンなのです。

老人とオキシトシン。

すいません、説明ちゃんと聞いてますか？

すまんすまん、小説の題名にどうかなと思って。

ところで、フロリダのご自宅の生活はいかがですか。

快適だよ。安全だし、水飲み場も大きいし、たくさんの仲間と暮らしているんだ。

みんなが、うらやましいと思う環境ですね。世界のねこたちに向けてご発言ください。

とつぜんだね、えー、みなさんこんにちは。ヘミングウェイです。いかがお過ごしですか。わたしは元気です。

ねこだって遊びたい

小学生じゃないんですから、もう少し何か、小説家っぽい発言をお願いします。

うーん、わたくしは昨今の住宅事情を鑑みるに……。

こんどは、緊張してませんか、普通にお話しください。都市部では集合住宅も多くなり、外出のままならないねこたちもたくさんいますが、いかがでしょうか。

都会で暮らしているねこが外に出るのはむずかしくなってきているね。エレベーターのボタン押せないものね。

まあボタンもそうなんですが、外は車だらけですし、ねこが遊べる場所もないし、暮らしにくい町になっていると思

います。結局のところ、室内からは出ないという生活をおくることになるようです。

ねこにとっては良い環境とは言えないかもしれないなぁ。集合住宅でも、わたしがスイスで見たものは、ベランダからねこが外に出られるようにねこ階段が設置してあって、出たり入ったりしていたね。ねこのことを考えて飼い主が工夫しているのには感心したよ。

車が入るのはしかたありませんが、そこには安全が確保されていないと暮らせないですね。

何かがまちがっているなら正しなさい。

おっしゃるとおりです。あきらめないで一人一人が勇気を出して、ねこのためにも声を上げたいです。

勇気とは窮地における気品だ。

ねこにも、ねこ友

ねこが複数でいっしょに生活するということについてもご意見をいただけますか。

わたしの家はそれなりに広いから、ねこもたくさんいるけれど、仲良く暮らしてるかな。

ねこは本来、縄張りをもち単独に暮らす動物なので、複数のねこと暮らすことは適切ではないと思っていました。

生物学的にはそうだよね、一匹一匹が食べ物を確保するためにテリトリーというものが必要だったんだ。ねずみをとっていたときにはね。飼いねこになって、そこにいても食べるに困らなければ、複数のねことの共存は可能なんだ。

２匹３匹の共存はねこにとってもよいことなんですね。

ねこの社会性という問題と関わることだが、きょうだいや母親といっしょにちゃんと育ったねこなら、ほかのねこも認めることができるだろう。しかし、そうでないねこにとっては、人間以外の動物は脅威となるので、考えてあげなくてはならんぞ。

今日はいろいろありがとうございました。キーウエストのご自宅にはいつお帰りですか。

せっかく来たので、２、３日京都を見てから帰ります。

思索は人間だけのものじゃない。ぼくたちだって哲学することもあるのさ。

肉食動物と暮らせる幸せ

第13条 ねこの健康に関わるキャットフードも進化している

ねこと暮らせる最大の喜びは、肉食動物に自分が認められているということではないでしょうか。ねこは体が小さいとはいえ、肉食動物です。もう少し体が大きければ、わたしたち人間は食べられてしまう存在になりかねません。もしトラと暮らすとなれば、緊張の連続にちがいないでしょう。ねこが小さくて、わたしたち人間を食べ物としてではなく、パートナーとして認めてくれるからいっしょに暮らせるのですね。

ねこがもっと大きくて、人間がもっと小さければ、両者の立場は逆転しただろう。

（ニャールズ・ロバート・ダーウィン／
「種の起源」を考えるねこ）

かんがえよう

肉食動物ってなに？

ねこは完全な肉食動物なんじゃよ。知っておったかの。

はい、ダーウィンさん。正確には動物食性動物といいますね。

うむ、動物を食べる動物という意味じゃな。すごいだろう。

わたしなど食べられちゃうような気持ちになります。肉食動物っていわれても「肉も食べるけどね」ぐらいですね。

ねこの歯を見てみなさい、ねこなのに犬歯、それにナイフのような前臼歯があるじゃろ。刺して切る、そうして獲物をとり、食べておる。

ちまたでは「ねこってかわいい」という本ばかりなのに、わたしはこの本のことが少し心配になってきました。

心配せんでも大丈夫じゃ、わしが出てる本じゃからな。臼歯といっても人間のものとはまるで形がちがうことに気づいてほしい、切り裂いて飲み込むのだ。すりつぶす必要はない。キル＆イート。

はぁ、ですから、なるべく過激な表現はやめてください。

わしの専門、何だか知ってる？

進化論という生物の進化のしくみを発見したんですよね。

そのとおり。人間だって進化してきたのだよ。その理由は、動物食性動物に食べられないように知恵を絞ってきた結果だ。

動物食性動物とは根本的にちがいますね。雑食動物であるわたしたち人間は、外敵におびえながら、食べられそうなものがあればなんでも拾って食べてきた動物なので、ちょっと恥ずかしいです。

そんな貧弱な体とあさましい食欲で、知恵を絞り進化してきた人間は偉い。

ほめられている気がしません。

とにかくじゃ、われわれねこは、食性に関しては1インチたりともはずれたことはなかった。肉食をつらぬいたのじゃ。しかし……。

やみつきキャットフード

あれ、急に、トーンダウンしましたね。

キャットフードの魅力に負けてしまった。

はぁ、いったいどうしたんですか。

工業製品であるキャットフードは、生肉しか食べてこなかったねこたちの味覚を魅了してしまった。一度食べたらもうやみつき。

人工的な添加物が食べる気を起こさせているんですね、本当は動物性たんぱく質が必要なのに、糖質や繊維質も入っていますからねぇ。

おいしいから、どんどん食べて太っちゃうんだよ。

わたしとしては肥満からくる病気が心配です。

わしも最近、体重が５キロを超えてしまった。

ちゃんとお肉を食べてくださいよ。

買いに行くのめんどくさいし、どうしても手ごろなキャットフードになっちゃうんだよね。

キャットフードも進化する

糖質を多く含むドライフードが今は主流ですが、最近は100%お肉というキャットフードも出ています。フリーズドライという技術が生肉をそのまま乾燥させて、食べるときは水に戻すだけなんです。

なるほど、体によさそうだね。

さらには、生肉に熱を加えないで殺菌する技術もできてきましたので、生の肉をそのまま食べることもできるんです。まさに新しいキャットフード時代の幕開けです。

キャットフードもいつの間にか進化していたのだな、知らなかった。

キャットフードも時代とともに進化します。生活習慣病を引き起こすキャットフードは淘汰され、病気にならない健全なキャットフードが生き残ることになるでしょう。

いつだってチャレンジ精神(せいしん)を発揮(はっき)するのがぼくらなんだゾ〜。

ねこの生涯に責任をもつ

第14条 病の苦しみからねこを救いたい

ねこの幸せを願うとき、どうしても病気のことを考えてしまいます。どんなにかわいがっても、どんなに大切に思っても、病気でねこを失うことほどつらいことはありません。できることなら病気にならずに寿命まで生きてほしいのです。

愛とは、大きな愛情をもって小さなことをすることです。

（マザー・テレニャ／ねこの健康を願う愛のねこ）

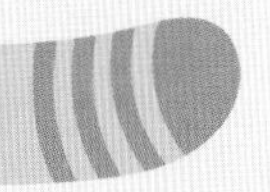

かんがえよう

ねこの病気を予防するには

仕事柄、病気のねことは毎日会いますが、病気はつくづくつらいものだと思います。マザー・テレニャさんは、病気のねこを救ったり、健康に暮らせる環境を整えたりしていらっしゃるんですね。

はい。そして、予防できる病気は、ぜひ予防しなくてはなりません。

伝染病にはたいがいワクチンがあります。たとえば、一番よくみられる伝染病は、猫伝染性鼻気管支炎ですが、これもウイルス病ですので、動物病院にワクチンがありますから、接種してもらえます。

ねこにもコロナウイルスがあるようですね、ワクチンはありますか。

残念ながらワクチンはまだないんです。糞便から感染することがわかっていますので、同居ねこがかかっていなければうつることはありません。ブリーダーや保護施設など、ねこの集まるところで感染が広がることがあります。人間

のコロナみたいに集団感染するんです。

それは困りましたね、どのような症状が出るのですか。

大人ではほとんど症状はありません。問題になるのは若いねこです。猫伝染性腹膜炎になると、死亡率が高く危険な病気です。

人間同様、ねこも大変ですね。って、わたしがねこでした。

やっぱり、ねこだったんですか、人間かと思っちゃいましたよ。

伝染病は嫌ですから、わたしもワクチンを打つことにします。痛くないかしら。

暴れなければ痛くないです。ちゃんと打ったほうがいいですよ。

病院では暴れたりしません。行きたくないけど。ほかにどのような病気があるのですか。

今は慢性病になるねこが増えています。いわゆる生活習慣病ですね、肥満になるねこは多くて、そこからいろいろな病気につながっていきます。

やれやれ、ねこも大変ですねって、わたしもねこだった。

２回もやらないでください。生活習慣病にならないためには、やはり生活を改める必要があると考えています。

どういうことですか。

室内だけで飼育されているねこは、やはり運動不足になりがちですね。そして体重が増えることで余計に動かなくなります。悪循環です。

外出できれば運動もできるでしょうね。

都市部ではねこの外出がなかなかむずかしいので、運動不足は解消しにくいでしょう。田舎のねこのほうが健康的だと思います。

アスレチックジムとかに行けばいいのに。

ねこ用はないと思いますよ。飼い主さんには、よく遊んでくださいと言ってはいます。室内でも、ねこ同士で追いかけっこをするのも効果的だと思います。

すべては環境ですね。食べるものはどうなんでしょうか。

わたしはここが一番の問題だと考えています。従来のキャットフードには炭水化物が３割ほど含まれています。炭水化物は、本来、肉食動物は口にするものではありませんが、キャットフードにはなぜか入っています。炭水化物のなかの糖質が実は問題で、いろいろ問題を起こします。

糖質。肥満の原因になるものですね。人間のみなさんも話題にしてます。「糖質ダイエット」とか美容室で読む女性週刊誌によくのってます。

美容室に行くんですか？

読みに行くだけです。

ちょっとびっくりしました。えーと何の話でしたっけ。

糖質ダイエット。

そうでした。肉食動物には糖質ダイエットどころか、糖質は不要なんです。不要というより害になるので、お肉食べてください、としか言いようがありません。

わかりました。肉食動物なので、しかたありませんね。次は焼肉屋でお会いしましょう。

わたしたちと人間だけじゃなく、人間と人間を結ぶものは愛だけなんですよ。

愛護から福祉へ

第15条 社会全体でねこを守るしくみをつくろう！

人間の社会が、より複雑になると、ねこの立場も少しずつ変わっていきます。住居、食べ物が様変わりすると、ねこが本来求めていた環境が失われていきます。ねこが人間からあたえられた環境で幸せに生きるには“動物愛護”の精神が求められます。

人間と関わるねこたちには「動物愛護法」が適用されますが、それが正しくあつかわれていないと、意味がありません。そのためには監視する組織が必要となります。ここに、大ニャン帝国の女王として日本における「動物虐待防止協会」の設立を認可することにしました。ねこのSOSを聞き届けるアニマルアドボケイト（動物の代弁者）と協力して、社会全体でパトロールするしくみをつくり、ねこを守りなさい。

（ヴィクトリニャ女王／大ニャン帝国の女王ねこ）

かんがえよう

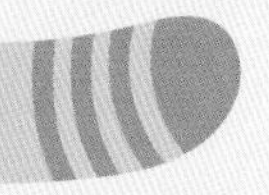

動物愛護法の精神って何？

日本にも、人間が飼っているすべての動物を対象に、虐待を防ぎ、いのちを大切にする「動物愛護法」がありますが、世界で最初につくられた国はヴィクトリニャ女王がいらした大ニャン帝国ですね。

すべてはイギリスを模範としているのです。ねこの虐待は法で罰せられ、人間を守る警察と同様に、イギリスには「動物をいじめている人」を見つけて罰則や逮捕につなげるアニマルポリスがいます。

法律の制定は大事だけど、たしかに守られなければ意味がありませんね。動物保護法は、ねこを守っているように思えますが、その基本は、ねこをものあつかいしたうえでの法律なのです。

そう、「いのち」だと思っていない。「いのちを返してほしい」と主張しても、「いくらで買ったのですか」と、返金ですまされてしまう。ものである以上、ねこを叩いて罰せられても、それは「器物破損」以上の罪にならないのです。

「他人のものを壊したのだから弁償しなさい」ということですね。ねこの環境を改善する効果はありますが、根本的な解決にはならない。ねこには「ねこ権」がないから、法律がいくら「大事にしましょうね」と言ったところで法律の強制力がありません。守らなくても大きな罰則が科せられるわけでもないので、ほんとうに大事にされることはありません。

こころがある生き物なのに、ものあつかいされるなんて、悔しいです。

みんなでねこのための代弁者になろう

イギリスでは捨てねこがいたら、すぐに保護されて施設で育てられます。虐待についても「王立動物虐待防止協会(RSPCA)」があり、「アニマルポリス」とともに目を光らせています。

そんな仕組みが日本にもあればいいのに。

日本のいぬやねこに「イギリスで生まれればよかった」と言われないように、日本のみなさんも頑張ってください。この組織は1824年に有志によって作られたのです。

日本も動物福祉の国だった

200年も前に作られたのですね。でも日本の「生類憐みの令」は1682年ですから、300年以上も前に生まれたんですよ。

「しょうるいあわれみのれい」？　なんですか、それは？

時の将軍が考えた動物保護法でいぬを殺したものは極刑になったんです。

日本では、今でもその刑があるのですか？

もうとっくに終わりました。一時的なものだったようです。

日本もやりますね。
虐待には、直接的な暴力だけではなく「ネグレクト（飼育放棄）」も含まれます。ご飯や水をあたえない、暑さや寒さをしのげない場所に拘束する、ケージや狭い部屋の中で多頭飼いをする、病気やケガをしてもお医者さんに行かない、などがこれにあたります。

それらはすべて虐待であり、犯罪ですよね。

こうした犯罪を防ぐために活動するのが「アニマルポリス」です。動物虐待を通報する窓口を一本化し、通報を受けた機関が指導して、解決すべき問題なのか、警察に捜査を依頼すべきなのかを判断します。

なるほど、虐待を放置しないためには、日本でも気付いた人が役所や警察に通報できることが大事ですね。そして、国や自治体が「アニマルポリス」を設置すると同時に、動物の SOS を聞き届ける、アニマルアドボケイト（動物の代弁者）を任命することも必要かもしれません。

動物の幸せを考える「動物福祉」を広めると、動物の幸せ度はいっそう増していく。それがねこにも人間にとっても幸せなことになるのです。みんなで頑張って、ねこの権利や幸せを守ることが人間の幸せにつながるという考え方を広めていきましょう。

「みんなで動物にやさしくしよう運動」を広めることから始めます。

どうでもいいことだからケンカになるのよ。自分のことなんて忘れてしまいなさい。

ねこと人間の共生

第16条 壁画「最後のにゃんにゃん」が目指すもの

「ねこけんぽう」も、いよいよ最終章に入りました。わたしたちとねこの未来はどうなるのでしょう。人間だけが幸せにも、ねこだけが幸せにもなることはありません。共に歩んできたのですから、どんなに困難でも、ねこの権利を人間は認めて幸せにしてあげなくてはなりません。そうすれば、ねこが人間を幸せにしてくれるでしょう。

ねずみは頭でとるもので、手でとるのではない。

（ミケニャンジェロ／ローマ法王に庇護された芸術家ねこ）

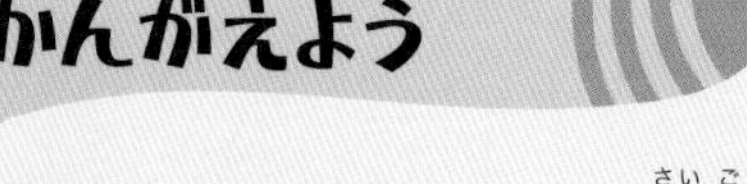

かんがえよう

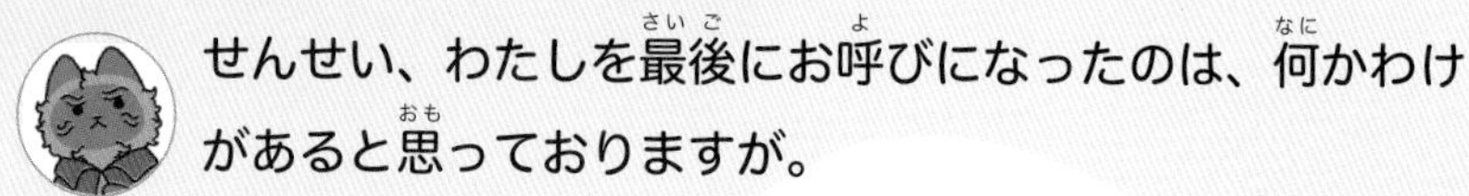

せんせい、わたしを最後にお呼びになったのは、何かわけがあると思っておりますが。

はい、「ねこけんぽう」、略して「ねこけん」の完成をめざして 15 人の偉人ねこのみなさんの意見をお聞きしてきました。そして最後に、「ねこけんぽう」を、ミケニャンジェロさんに壁画を描いていただいて残したいと考えたのです。

わたしを芸術家として評価していただけたことに感謝するとともに、「ねこけん」の壁画の依頼を謹んでお受けしたいと思います。

ありがとうございます。文章にして残すことも考えましたが、そこは「ねこけん」ですので、人間の憲法とは一味ちがう、見てわかるものにして後世に残したいのです。

それはたしかに良い考えです。文字にして残したければ、この本がありますので、書店で買い求めればよろしいでしょう。それでは、わたくしミケニャンジェロが一世一代の壁画を描いてごらんにいれましょう。題名は「最後のにゃんにゃん」といたします。ねこ一族が人間と共に暮らすようになった１万年前から始まった人とねこの歴史を、そして両者が手を取り合い困難な時代を生き抜き、現代にいたり、ねこの置かれたこの窮地を描きましょう。

期待しています。制作期間はどのぐらいかかりそうですか。

3年、いや5年いただきたいと思います。天井画も描かないといけませんからね。

わかりました、制作場所はバチカンのシスティーナ礼拝堂のとなりにある物置小屋です。

ああ、あそこですね、大きさは手ごろですが、ちょっとちらかってて、かたづけるのに時間かかりそうですね。それではさっそく現地に向かいます。
完成したら電話しますので、それまでお待ちください。

よろしくお願いします。

ミケニャンジェロは足早に去っていった。5年後の完成が待たれるが、彼は天才芸術家だ。きっと驚くような作品をつくるだろう。ここは気長に待とうではないか。

それまでわたしたち人間は、ねこがねこのためにつくる「ねこけんぽう」の意味を探そう。

ねこは天性の芸術家なんだよ、だから人間をひきつけるんだな。

ミケニャンジェロからの手紙

世界中のねこが好きな子どもたちへ

わたしの名前は、ミケニャンジェロ。芸術家です。
今、イタリアのバチカンというところで壁画づくりに取り組んでいます。

この壁画は「最後のにゃんにゃん」というもので、わたしたちねこが人間と暮らし始めて1万年たったことを記念して、この長い月日の間に人間とねこに何が起きたのかを描いています。まだ描き始めたばかりですが、わたしはこの作品に人間とねこがともに歩んできた厳しくも愛に満ちた日々を表したいと思っています。

わたしたちねこは、人間のおかげで、野生動物である“リビアヤマネコ”から“ねこ”という動物になりました。そして、人間はねこの存在のおかげで今の繁栄を得たのです。
ねこと人間は、おたがいを必要とするパートナーとして永遠の契約を結び、今、こうして暮らしています。幸せに、と言いたいところですが、わたしたちの仲間のなかには幸せとは程遠いあつかいに苦しんでいるねこもいるのです。

わたしたちねこは人間と寄りそって生きていきたいだけで、じゃま者あつかいされたり、愛玩動物にされたり、虐待の対象になることは嫌なのです。

わたしたちは人間の従属物ではありませんし、残念ながら、人間をご主人様と崇めることもしません。人間がねこをどう考え、あつかうかはその人の人格にゆだねられます。

みなさんは子どもですが、今から人格をみがいていただきたい。人間はみがけば光ります。

わたしたちは、光っている人間を好きになると思います。そしていつの日か、大人になったあなたたちは、人間が光るために、ねこがいたことに気が付いてくれるでしょう。

わたしたちは、あなたたち人間が当たり前の愛に喜びを感じ、幸福と思うことを知っています。

人間同士が争うことでねこがつらい思いをし、人間も悲しむとしたら、それを止める勇気が必要となるでしょう。

わたしは「最後のにゃんにゃん」が、その勇気をみなさんにあたえられるような作品に仕上げます。ただ完成にはもう少し時間がかかります。ですからそれまでの間、みなさんは、自分自身で勇気を持てるように努力してみてください。

お会いできる日を楽しみにしています。

システィーナ礼拝堂のとなりの物置小屋にて

ミケニャンジェロ

きみたちにつたえたいこと

ねこを大事にするということは、いったいどういうことなのであろうか。

みなさんは、友達を大切にしようとか、弟や妹に優しくしよう、お年寄りを大切にしようと大人の人に言われることと思う。

それはたしかにその通りだと思うのだが、なぜ大事にしなくてはならないのか、大事にするとどんないいことがあるのかを考えなくてはならんであろう。人間が人間を大切に思うことは、とても大切なことで、それがなければ平穏で幸せな生活は送ることはできない。

お互いに大切にされるからこそ、幸せを感じることができるのである。

ねこを見て怖いと思っても脅かしてはいけない

自分の飼っているねこを、かわいく思い、大切にすることはよくあることだ。しかし、外を歩いているねこを見たとき、みなさんはどう思うであろうか。

かわいいと思うこともあるだろうし、怖いなと感じることもあるかもしれない。

ネガティブな感情をもつ人もいることは事実である。汚いなと思ったり、自分のうちの庭にいたら嫌だなと思ったりもすることだろう。

それは、人間の感情なのでどう思おうと自由ではあるのだが、嫌だからといって脅かしたり、何か投げつけるようなことをするのは問題なのである。とても小さなことであるとは思うが、そういった行動を起こすことは控えなくてはならん。それは人間の持つ人格の問題だからである。

ねこを尊重することは人格を高める

ねこを大事にするということは、ねこを尊重するということであり、人格を高める訓練の一つにもなるのである。

それは他人を許容するための訓練にもなるのである。人格を高める作業とは、自分で見たり聞いたりしたこと（体験という）に、想像力を働かせて自分の経験にしてゆくことなのである。

人格が高くなることは、人間としてとても大切なことである。低いままでは長い人生がつらくて苦しいものになってしまうだけである。せっかく長く生きていても経験が少ないと幸せにはなれんのだ。

ねこの話からそれてしまったように思えるが、ここで人間と人間以外の動物との関係について考えてみよう。

人間は人間を大切にするために動物に負担を強いてきた

みなさんがねこをかわいいと思う半面、人間は自分に危害を加えるであろう動物に対して、取り除きたいと思ってきた。

かつて、オオカミは世界中にいたが、今では人間に殺されて絶滅寸前まで追い込まれてしまった。毒蛇であるハブは沖縄では恐れられていて、マングースにより駆逐する試みがされたが、ハブはいなくならず、反対にマングースのいることが問題とされている。

人間は人間を大切にしなくてはならないが、そのためにほかの動物に多くの負担を強いてしまった。

そんなわけで、すべての動物に優しくすることは、どうしてもできない感じなのが人間のようである。

ねこは権利を主張しないけど…

この本ではねこにも権利があるという話をしてきた。しかし、すべての生き物が生きる権利を有してはいるが、権利について声をあげて主張しているのは人間だけであるということに気がつかなくてはならない。

人間がお魚を食べたり牛や鳥を食べるのは、人間が生きるための権利を持っていて、その権利を行使するために、食べる生き物の権利を奪い取っていることになる。生態系に属する生き物はそういうふうにして、自分の生きる権利を使っているのだ。

この行為は、高いモラルを持ってこそ行えることで、そうでなくては単なる残酷な殺戮に過ぎなくなってしまう。だから、人間であるみなさんは人格を高めなくてはならない。

人間はいのちをもらって生きている

食べ物としてお肉を食べるにしても、それをむだにすることは、モラルが低い行いなのである。

よく「感謝して食べよう」と言うが、生き物の生を奪って自分の生に変換していることを自覚していれば、おいしく、ありがたいと感じて食べられるはずである。

ねこは肉食動物なので、小さなねずみを 1 日に 10 匹ぐらい食べて生きてゆくのだが、その生涯で多くのいのちを絶っていることになる。

同様に、人間もいのちをもらって生きている存在である。生き物とはそういった定めの中で生まれてきたのだ。

ねこを大切に思う人は世界中に

ねこを大事にするということは、じつは人間にとって重要なことなのである。

ねこの住んでいる町にミサイルを落とすことは、ねこを大事にしているとはいえないだろう。いずれその報復はねこを大事にしない自分にも跳ね返るのだ。

ねこを大切に思い、大事にする人が国や宗教、民族を超えて世界中にいることも忘れてはならんぞ。

その人たちが愚かな戦争をやめさせる力を持っているのだから。

ニャブラハム・リンカン

おわりに

わたしは、子どものころから動物が好きでした。

病気で苦しんでいる動物がいたら治してあげたい、と思って獣医になったのです。しかし、大人となり獣医の仕事をしながら、ねこには病気以外に苦しみがたくさんあることがわかってきました。それは、薬では治すことのできない苦しみなのです。

そして、そのような苦しみからねこを救うには、「けんぽう」があればよいのではないか、と考えるようになりました。

世界には、ねこを愛する人が本当にたくさんいます。その人たちの心が一つになることができて、ねこの気持ちを聞いてあげられたら、そして幸せに暮らすことができたらいいのに。

これが私が獣医になった本当の目的なのだとわかりました。

みなさんがねこを幸せにしてあげて、みなさん自身も幸せになれることを願っています。

2023年8月
南部　美香

【著者プロフィール】

南部美香（なんぶ　みか）

1962年生まれ。北里大学獣医学部卒。旧厚生省厚生技官として国立多摩研究所でハンセン病の研究に携わる。
1994年、ねこの臨床医学を学ぶために渡米。T.H.E.CATHOSPITAL の Dr. Thomas H. Elston に師事する。帰国後、東京でキャットホスピタルを開業。
NPO法人東京生活動物研究所理事長。猫の医食住について考察を続けている。
著書に『わたしは猫の病院のお医者さん』（講談社）、『痛快！ねこ学』（集英社インターナショナル）、『ネコの真実』（中日新聞社）、『ネコが長生きする処方箋』（東京新聞社）、『愛ネコにやってはいけない88の常識』（さくら舎）などがある。

ぱんだにあ

愛媛県新居浜市出身。ねこを題材とした創作作品で人気のマンガ家、イラストレーター。不思議でゆるい世界観が特徴。「ねこ」のような「ようかい」のような不思議な生き物『ねこようかい』を『月刊まんがライフオリジナル』（竹書房）で連載中。現在までに8巻が単行本として発売されている。その他の作品に『ねこもんすたー』（バンブーコミックス）、『悪の秘密結社ネコ』（イースト・プレス）、『ねこむかしばなし』（KADOKAWA）などがある。
Twitter（@pandania0）フォロワー数は19万人以上。

ねこけんぽう

2023年（令和5年）9月7日　初版第1刷発行

著　者　　南部 美香
マンガ　　ぱんだにあ

発行者　　石井 悟
発行所　　株式会社自由国民社
東京都豊島区高田3-10-11　〒171-0033
電話 03-6233-0781（代表）

企画・編集　竹石健／佐藤弘子（未来工房）
編集補助·校正　植嶋朝子
造本　JK
本文デザイン　石川直美
本文DTP　伏田光宏（F's factory）
プロデュース　中野健彦（ブックリンケージ）

印刷所　プリ・テック株式会社
製　本　新風製本株式会社